高等院校"十三五"创新型应用人才培养规划教材

建筑风景速写

主　编　刘　瑶　李　欢

副主编　陈嘉蓉　王　浩

参　编　黄文娟　胡泽华

合肥工业大学出版社

高等院校"十三五"创新型应用人才培养规划教材

编　委　会

主　任：蒋尚文

副主任：陈敬良　李　杰　张晓安　王　礼　袁金戈　曹大勇

顾　问：何　力

前言

速写 (quick sketch) 顾名思义是一种快速的写生方法。速写是中国原创词汇，属于素描的一种。速写同素描一样，不但是造型艺术的基础，也是一种独立的艺术形式。这种独立形式的确立，是欧洲 18 世纪以后的事情，在这以前，速写只是画家创作的准备阶段和记录手段。

速写在美术的学科中而言是一种快速的写生技法。就像我们在做建筑的时候，需要先设计一个建筑的轮廓，速写也是这个意思，英文名字 sketch，中文是草图的意思。随着艺术的发展，速写也成了美术学习的必学科目。速写是培养设计者创造性思维、提高审美能力以及设计表达能力的有效手段，是提升形象思维能力的重要训练环节，而建筑风景速写是速写课程的重要组成内容。写生的方法首先来自观察的方法、观察的角度，它不仅有助于学生掌握透视基本的技能、技巧，掌握物象的造型能力，同时对于培养学生的审美观、创造力，促进学生眼、脑、手的高度协调发展，促使学生感觉与情感的健康发展都将起积极的作用。

《建筑风景速写》这本书共分三个部分，第一部分为基础篇，详细介绍建筑速写的分类、速写的表现特点、速写的空间透视表达及速写的配景表达等；第二部分为上色篇，详细介绍钢笔淡彩的上色工具以及钢笔淡彩的作画步骤；第三部分为赏析篇，主要是对建筑风景速写及钢笔淡彩作品的赏析。

由于笔者自身能力有限，加之时间仓促，书中不妥及疏漏之处在所难免，希望各位同行、专家批评指正。

作　者

2017 年 6 月

目录
contents

第一章　速写基础知识（基础篇）

一、速写的概述

速写顾名思义，即快速地画，它是一种跨画种、门类的边缘综合画种，广义上属于素描范畴，却可以使用墨水、水彩、油彩作画，与油画、中国画和水彩画有一定的联系。

其最大的作画特征是简练性和记录性，即以最短的时间、以最简练的技法、以最敏锐的洞察力抓住转眼即逝的、瞬间的、生动的形态或场景。它既是提高作画者塑造造型的能力、观察生活和洞察力以及记录形象、积累设计素材的最佳方法，又是具有独立审美价值的艺术作品。

钢笔绘画表现形式的历史，可追溯到一千多年前的中世纪，那是传播于欧洲各地的《圣经》和《福音书》手抄本的插画，可以说是钢笔画的雏形。（图1-1-1、图1-1-2）

六七百年前，画家们开始用鹅羽制成的蘸水笔作画，伦勃朗用蘸水笔所画的素描，无论是人物速写，还是寻常小景都极为概括生动。意大利文艺复兴时期绘画大师波提切利、达·芬奇、米开朗琪罗、拉斐尔等绘画大师都曾用钢笔创作过自己的作品。德国文艺复兴时期的大师丢勒的钢笔画与其铜版画同出一炉，

图1-1-1 《圣经》的插画　　　　　　图1-1-2 《福音书》的插画

在丢勒的作品中刀刻般的线条刚劲有利，已成为学习者临摹的范本。19世纪末，自来水笔的出现与普及，钢笔画开始成为人们喜闻乐见的艺术形式。20世纪初，随着现代美术和造型设计学科的兴起，更多的画家、设计师都以钢笔画的表现形式来构思创意，表达设计理念。如今钢笔画技艺的更新和钢笔画工具的不断科学化、多样化，使钢笔画及钢笔表现已成为一项具有审美价值的画种和进行专题研究的艺术学科。

钢笔写生是用它特有的绘画工具在短时间内用简洁概括的绘画手法，将对事物最深刻的感受、物象的主要形体特征和个性特征记录下来。速写一词是随着西方绘画的传入而产生的，英文 sketch，法文 croquis，都有略图、草稿、写生的意识。速写中的"速"意味着时间短，行笔快；"写"就是意在笔先，下笔肯定，简洁而概括，与素描中的"描"有明确的界限，在造型手段上各有不同，但又各有特点，相辅相成，不可相互替代，更不可偏废。

二. 建筑速写的目的以及意义

钢笔速写的学习旨在培养学生动手能力，培养脑、眼、手相互协调的能力，增强对自然空间形态的理解能力、造型能力及表现能力。写生是体验生活、体验设计、丰富视觉语言的一种方式，不是纯粹技术语言的展现，是带着对历史、文化、风俗、信仰及人性空间的研究来揭示自然社会，表现具有情感的绘画语言。速写训练使学生在感悟空间语言，审视自然情态，创新视觉形象及思维表达等方面得到综合提高，这就是我们学习速写的目的。

速写作品的表现范围和题材涵盖了绘画的所有范畴，速写对于绘画艺术或艺术设计的重要性，可以从鲁迅先生的话中得到结论："作者必须天天到外面或室内练习速写才有进步，到外面画速写是最有益的。"这里指的"外面"就是"现实生活中"。速写离不开社会生活，而艺术设计和绘画艺术也都离不开现实生活，两者存在极深的渊源关系，具体可以分为以下几个方面。

（1）艺术设计素养的提高；

（2）提高造型能力；

（3）是设计和创作收集素材的最佳方法。

三. 建筑速写的分类

1. 线描的表现

线描表现又可以称为单线表现，它是以单线勾勒来表现物体的方式，也是一种比较单纯简洁的表达方式。在线描表现中，物体形态的各个方面，如轮廓、体量、质感、主次、前后和转折等只是通过线条的粗细、浓淡、虚实、刚柔、曲直的变化表达出来，同时通过对线条的缓急、节奏、韵律的变化处理还可以表述物体的情感等其他方面。因此，这种单线表现是建筑速写最富艺术特质的表现。单线表现的最大难点是必须使之具有清晰明确、简洁扼要的特点。（图1-3-1）

要点：用线要连贯、完整，忌断、忌碎；用线要中肯、朴实，忌浮、忌滑；用线要活泼、松灵，忌死、忌板；用线要有力度、结实，忌轻飘、柔弱；用

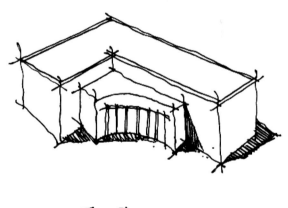

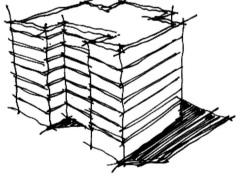

图1-3-1　线描表现建筑物

线要有变化、刚柔相济、虚实相间；用线要有节奏、抑扬顿挫、起伏跌宕。

2. 线描加光影的表现

线描加光影的建筑速写是在线描的基础上增加了面的层次，它比单线勾勒的建筑速写较为注重物体明暗关系的表达。采用这种方法一般是用线条表现物体的轮廓、结构，用块面表现物体的明暗对比、明度变化和阴影部分。这种表现不能有过强的层次感，不需要面面俱到，应简单概括。明暗块面相线条的分布，既变化又统一。它增加了一些复线、粗线或块面渲染来表达物体的空间层次和物体各个面的明暗关系和转折过渡变化等。这类方法注重光对物体的影响，但又注意以概括提炼的方法来进行表现。在方法上常运用线条的疏密和粗细不同的排列来表现明暗色调、层次和材质的区别。对形体的空间感、层次感、体积感和质感的追求与慢写相近。(图 1-3-2、图 1-3-3)

图 1-3-2　线描加光影表达小品

图 1-3-3　线描加光影表达建筑

要点：用线描加光影的方法，必须应用自然，防止线面分家，如先画轮廓，最后不加分析地硬加些明暗，就很生硬。可适当减弱物体由光而引起的明暗变化，有重点地适当强调物体本身的组织结构关系。用线条画轮廓，用块面表现结构，注意概括块面明暗，抓住要点施加明暗，切忌不加分析选择地照抄明暗。注意物象本身的色调对比，有轻有重，有虚有实，切忌平均没重点。在进行黑白处理时，一定要记住以下几个方面的问题：要注意黑白鲜明，忌灰暗，要注意黑白交错，忌偏坠一方；要注意疏密相间，忌毫无联系；要注意起伏节奏，忌呆板。

3. 色彩的表现

色彩表现的方法主要是突出"色彩"两字，主要是利用彩色铅笔、马克笔或钢笔淡彩的形式将线描的画面进行上色的处理方式。在进行色彩表现时的要点是色彩的处理必须以建筑速写的线稿为准，色彩选择合理，表现时要注意色彩的层次和搭配。整个建筑速写画面的色彩用色切记花，在表现时要把握住色彩的色相和明度。（图1-3-4、图1-3-5）

图1-3-4　钢笔淡彩表达风景速写

图1-3-5　马克笔表达风景速写

四、速写的常有工具及表现特点

"工欲善其事、必先利其器"，手绘表达的工具很广泛，没有特定的限制，可根据个人的喜好或习惯选择使用。对于初学者来说，大多用的是钢笔、水笔、毡头笔等，只要画出的是清晰线条，就可以作为表达工具。

1. 速写用纸

钢笔画表现选用的纸都很随意，可根据表现的题材和效果选用不同的纸质。如：普通速写本、色纸速写本、色纸、水彩纸、复印纸、素描纸、速写专用纸等。

速写本：方便携带，容易购买。速写本用纸一般为素描纸，吸水性强，纸面有肌理，画出的线条容易掌握，缺点是画幅有一定限制，不容易画较大的构图。

普通复印纸：有 A3、A4 等标准规格，价格便宜，纸面光滑，吸水性适中，画出的线条流畅，结合马克笔写生是很经济实惠的选择。

铜版纸：纸面光滑，吸水性较差。熟练者使用有酣畅淋漓的感觉，结合马克笔更佳，能保留马克笔的笔触不受叠色的影响。

水彩纸：吸水性适中，表面有纹理，棉性，韧性极佳，最适合美工笔画建筑速写。画者大量的写生作品均使用此纸，也可配合马克笔、钢笔淡彩写生使用。（图 1-4-1）

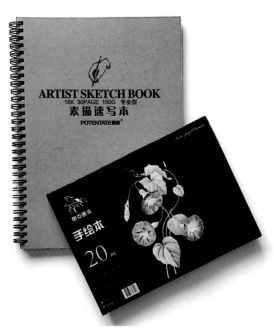

图 1-4-1　速写用纸

2. 速写用笔

钢笔画表现所用的常规工具种类很多，建议学习者选择最适合自己表现习惯的作画工具。钢笔可选用普通书写钢笔；在选笔是切勿笔头过于圆滑，也不可太涩纸；另一类是弯头美工笔、签字笔、换水型针管笔和一次性针管笔。一般选用一次性针管笔，因为它使用流畅，线条稳而挺拔，排列组织线条效果极佳，而且便于控制运笔的速度，能对作品做深入细致的刻画；签字笔线条更灵动，更秀美，更激情；美工笔的线条则灵活多变，收放自如。注意对笔的保养，每次画完后要及时对笔头进行冲洗，以防堵塞。

铅笔：铅笔是最常用的绘画工具，有木质铅笔和自动铅笔。其可涂抹性和可修改性使得作画发挥的空间更大，往往可以通过涂抹来达到很多意想不到的效果，另外画面容易修改，适合广大初级学习者去练习。

钢笔：用钢笔绘画，其特点是用笔果断肯定，线条刚劲流畅，黑白调子对比强烈，画面效果细密紧凑，对所画事物既能做精细入微的刻画，也能进行高度的艺术概括，有着较强的造型能力。我们使用的作画工具是笔尖粗细不同，压笔的轻重不同，运笔的缓急不同，就可以呈现出细粗、肥瘦、浓淡、畅滞不同的效果。

针管笔：针管笔是绘制图纸的基本工具之一，能绘制出均匀一致的线条。笔身是钢笔状，笔头是长约 2cm 中空钢制圆环，里面藏着一条活动细钢针，上下摆动针管笔，能及时清除堵塞笔头的纸纤维。针管管径有 0.1~1.2mm 的各种不同规格，有国产英雄牌、日本樱花牌、德国红环牌等。

水性笔：水性笔的主要溶剂是水，常见的水性笔有钢珠笔、签字笔、毛笔、荧光笔等。水性笔较油性笔无味，笔尖不易干燥，其笔迹耐光不耐水，遇到水会晕染，不可掉落。（图 1-4-2）

墨水：采用防干涸、易冲洗的碳素墨水，使钢笔书写流畅，作品易于保存。（图 1-4-3）

图 1-4-2　速写用笔

图 1-4-3　墨水

3. 速写用色

钢笔速写的上色材料有很多：水粉、水彩、彩色铅笔、马克笔、色粉笔、油画棒等。这些材料都能起到刻画主题、渲染画面气氛的作用。后文会做详细介绍。（图 1-4-4 、图 1-4-5 、图 1-4-6 ）

图 1-4-5　彩色铅笔

图 1-4-4　水彩颜料

图 1-4-6　马克笔

五、建筑速写线条的基础

1. 线条的表现形式

线条依靠一定的组织排列，通过长短、粗细、疏密、曲直等来表现。一般来说，线描的表现有工具和徒手两种画法。

线条的训练要注意对于力度的控制，力度的控制并不是将笔使劲往纸上画，所谓的力度控制是指能感觉到笔尖在纸上的力度，手要掌握自如，欲轻欲重，都要做到随心而动，也不要故意抖动或其他矫揉造作的笔法。运笔的笔速要有控制、快慢得当，快的线条较直，适合表达简洁流畅的形体；慢的线条较为抖动，适合表达平稳而厚重的物体。（图1-5-1至图1-5-6）

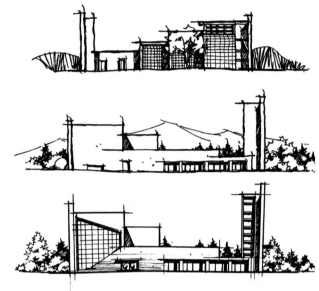

图 1-5-3　慢线的表达

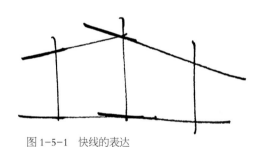

图 1-5-1　快线的表达

图 1-5-5　快线与慢线所表达的不同的建筑效果

图 1-5-2　快线表达的场景

图 1-5-4　慢线表达的建筑

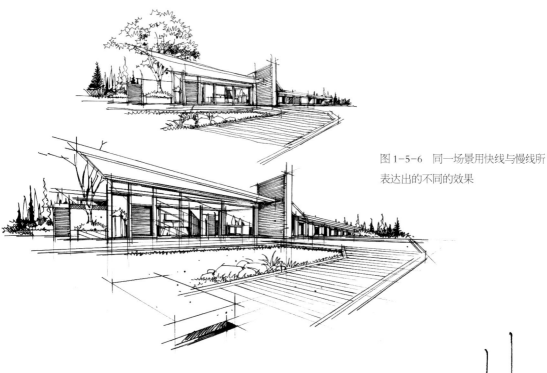

图 1-5-6　同一场景用快线与慢线所
表达出的不同的效果

(1) 不同线条的练习与运用

不同的线条具有不同的情感色彩，简单归纳如下：

垂直线条：可以促使视线上下移动，显示高度，造成耸立、高大、向上的印象。(图 1-5-7)

水平线条：可以促使视线左右移动，产生开阔、伸延、舒展的效果。(图 1-5-8)

斜线条：会使人感到从一端向另一端扩展或收缩，产生变化不定的感觉，富于动感。(图 1-5-9)

曲线条：使视线时时改变方向，引导视线向重心发展。(图 1-5-10)

圆形线条：可以使人们的视线随之旋转，有更强烈的动感。(图 1-5-11)

线条的形式看起来好像很复杂，但总的归纳起来只分为直线和曲线两大类。直线包括垂直线、水平线和斜线。曲线的线条形式虽然比较丰富，但基本上是波状线条的各种变形。线条笔触的变化还包括快慢、虚实、轻重等关系。

线条的不同使用技巧是画面表达感染力的重要手段，掌握多种不同的线条表现技法是设计师必备的本领，在表达一个完整的空间之前，要对对象建立一个完整的认识，这样才能进一步表现。

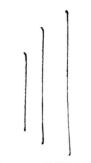

图 1-5-7　垂直线条的表达

图 1-5-8　水平线条的表达　　　图 1-5-9　斜线条的表达

图 1-5-10　曲线条的表达　　　图 1-5-11　圆线条的表达

(2) 练习线条应注意几点

①线条要连贯，切忌迟疑和犹豫。

②切忌来回重复表达一根线。（图1-5-12）

图1-5-12　错误的线条的表达

③下笔要肯定，切忌收笔有回线。（图1-5-13)

图1-5-13　错误的线条的表达

④出现短线，切忌在原来点上继续画，应空开一小节距离再开始画。（图1-5-14)

图1-5-14　短线的表达

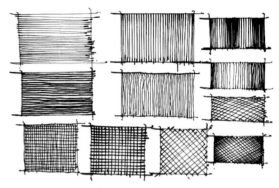

图1-5-15　线条的排列与组合

⑤排线切忌乱排，基本规律是平行于边线和透视线，或者垂直于画面。

⑥画图的时候注意交叉处的画法，线与线交叉的地方可以稍微出头，这样交叉处就有厚重感，在画的过程中线条有的地方可以适当留白、断开。

⑦画各种物体前应该先了解它们的特性，是坚硬的还是柔软的，便于选择用何种线条去表达。

2. 线条的排列与组合

不同的线条组织可以表现不同的对象，单线条可以表现建筑主体及配景的轮廓，其优势是能明确地体现建筑物的构造及结构穿插。各种排线能更好地表现各物体的体量感、空间感和不同材质的质感。以直线或弧线做一些有规律的排列就形成一个灰面。灰面形成的深浅与线条排列的疏密及线条叠加的层数有直接的关系。弧线排列比直线排列难度要大一些，长线条比短线条排列难度要大一些。直线与横线交叉组成

图1-5-16　运用线条的排列
与组合表达建筑

的块面，具有静止、稳定的感觉。斜线重叠、交叉组成的块面富有动感。竖线重叠，有整齐一致的感觉。曲线重叠、交叉有凸凹起伏、活跃的动感。（图1-5-15、图1-5-16）

3. 几何形体的练习

建筑造型都可以用几何形体来诠释，这就要求我们学会归纳，平时多练习各种形态的几何体变化，这对培养造型设计的能力也有很大的帮助。生活中接触到的各种物品都是练习的对象，身边事物几何形态很多，都可以看作由几何形体组合而成，明白这个道理，我们对描绘任何事物就简单多了。在充分理解几何形体对物象产生的影响后再进行写生，就会感觉到与以前有很大的不同，要学会把写生对象之间的组合关系处理好，为建筑速写写生打下良好的基础。（图1-5-17）

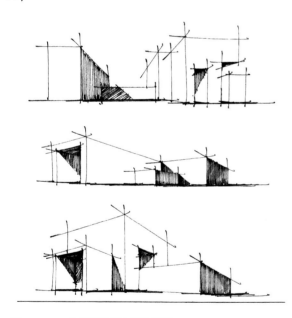

图1-5-17 几何形体组合表达建筑

六、建筑速写的空间透视表达

透视对于建筑速写来说是至关重要的，一幅速写不管有多么精彩的线条、细节、构图，如果在透视方面出了问题，都将会使画面失去意义。当然，在速写中并不要求每根线条都符合透视规律，但必须在大的透视关系上避免失误，能够根据实际场景把握视点的选择和透视空间感的强弱。一张好的速写必须符合基本的几何透视规律，较真实、舒服地反映特定的空间效果。

1. 空间透视原理

透视是在观察或描绘某个三维场景或物象时，能体现物象视觉距离，符合视觉经验，正确反映客观实际的、一种特殊的认识工具的称呼。绘画中需要首先掌握的就是透视的基本原理。透视是绘画的一个技巧，也是专门研究人的视觉规律在绘画中应用的艺术。眼睛是观察实物的主观条件，物体是所要描绘的客观依据，物体需要科学地绘制在画面中，而画面是眼睛在一定位置去观看物体形成的特定的立体透视形被固定下来的平面，眼、物、画面形成了透视必不可少的三个要素。

最初研究透视所采取的方法是：通过一个透明的平面去看景物，将所见景物准确描画在这个平面上，即成该景物的透视图。后来将在平面画幅上根据一定原理，用线条来显示物体的空间位置、轮廓和投影的科学称为透视学。

2. 空间透视的基本特征

在透视学的基础上绘制手绘效果图时应该掌握透视的以下三个特征：

(1) 近大远小、近高远低

在透视的基本原则下，我们肉眼观察下的物体是会根据不同状态有不同变化的。同样大小的物体离观看者近的看起来会比远一些的要稍大、稍高。

(2) 近宽远窄、近疏远密

在透视的基本原则下，同样大小的物体离观看者近的看起来要比离得远的要宽。同一组物体，离观看者近一些会显得稀疏，离观看者远一些会显得密集。

(3) 透视的消失感

任何物体在空间中的存在都有其规律性，物体因为透视的原因会在画面上出现近大远小、近宽远窄等现象，所有线条都会聚焦到远处的一点，出现慢慢消失的感觉，这就是透视的消失感。

3. 透视的常用术语

(1) 视点：（目点）视者的眼睛位置。

(2) 正常视域：视点看出去的 60°的圆锥形空间，由于其为人眼正常显示对象的范围，故称为正常视域，超出 60°则不属此范围。

(3) 视圈线：视域圆锥曲面与画面的交接线，即泛指 60°视角的视圈线。

(4) 视中线：视域圆锥体的中心轴，是视者视线引向画面的中心视线并与画面垂直。平视时与地面平行（与主视线重合）；俯、仰视时其与地面或倾斜或垂直；亦称中视线、视心线、视轴等。（视点与心点之间的距离）

(5) 画面：画者与被画物之间假设的透明画图平面。

(6) 画幅：在画面上 60°视角的视圈线范围以内所选取的一块做画面，一般为矩形，它的四边边线起着选景框的作用，亦称取景框。（也就是我们画纸的大小）

(7) 视平线：经过心点所作的水平线。（与画面平行）

(8) 视距：画面与视者之间的距离。

(9) 距点：在视平线上心点左右两边，两者离心点的距离与视者至心点的距离相等，凡与画面成 45°的直线，一定消失于距点。（以心点为圆心、视距为半径作圆线，圆线与视平线相交的左右两点为距点。）

(10) 基面：承载物体的平面，平视时即是地面，且与画面垂直。

(11) 基线：画面与地面的交接线。

(12) 地平线：地平面尽头与天空交界的水平线。

(13) 原线：凡是与画面平行的直线均称原线。此种线段在视圈内永不消失。（不产生透视变化的线，在画面上保持原来的透视方向）

(14) 变线：即与画面不平行的线，又称为消失线。画面中景物变线与消失点连接的线段称灭线

(15) 消失点（灭点）：与画面不平行的线段（线段之间相互平行）逐渐向远处伸展，愈远愈小愈靠近，最后消失在一点。（该点包括心点、距点、余点、天点、地点）

(16) 心点：又称主点。视中线与画面的垂直距离。

它是平行透视的消失点。

(17) 天点：是近低远高向上倾斜线段的消失点。（仰视）

(18) 地点：是近高远低向下倾斜线段的消失点。（俯视）

(19) 余点：在视平线上心点两旁与画面形成任意角度（除 45°及 90°）的水平线段的消失点。它是成角透视的消失点。（图 1-6-1）

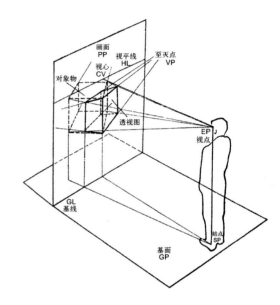

图 1-6-1　透视形成图

4、透视的分类

(1) 一点透视（平行透视）原理与运用

当立方体的一个体面与眼睛平行时所产生的透视现象。因为在这种透视现象中只有一个消失点，故称为"一点透视"。（图 1-6-2）

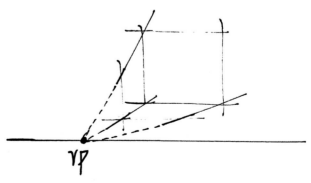

图 1-6-2　一点透视原理

特点：表现范围广，纵深感强，绘制相对容易。

在透视图所有的表现方式中，平行透视是最基本的一种作图方法。它有两个明显的特征：

①物体中至少有一个面与画面平行。

②所有向远处消失的线都集中在心点上。（消失点为心点）（图1-6-3、图1-6-4）

通过距点法求透视深：根据距点直接画出物体的透视深，这样就减少了许多的辅助线，画起来简单，看起来也容易理解。

画平行透视的关键是一定要灵活运用距点法。不管物体的比例如何变化，只要通过线段按比例延长或缩短，演变纳入方形内，都可以运用距点画45°角的对角线，这样才能画出任何长度的透视深，一旦求出了透视深，任何复杂的平行透视图都容易画了。（图1-6-5、图1-6-6）

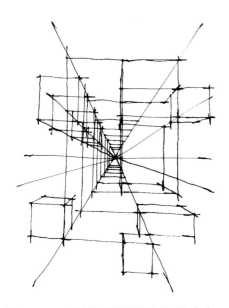

图1-6-3　一点透视（平行透视）的表达方法

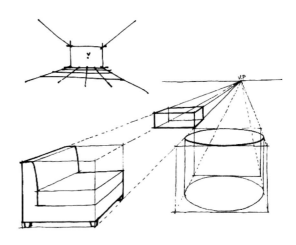

图1-6-4　一点透视（平行透视）的表达方法

图1-6-5　一点透视空间速写

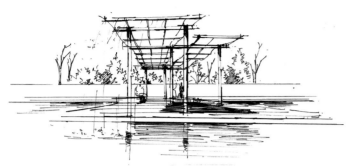

图 1-6-6 一点透视空间表达

①以正方形和立方体为例，正方形的两组边，立方体的两组与地面垂直的面都不与画面平行，而是形成一定的角度。（两边成一定角度）

②所有向远处消失的线分别集中在两个余点上。（消失点为余点）（图 1-6-8 至图 1-6-10 ）

(2) 两点透视（成角透视）原理与运用

当立方体与地面平行，其他面与眼睛成一定角度时所产生的透视现象。这种透视因有两个消失点，故称为"两点透视"。(图 1-6-7)

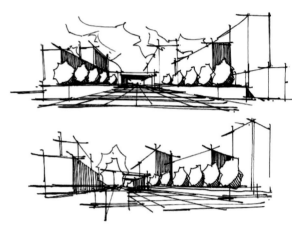

图 1-6-8 同一个场景所产生的不同的一点透视与两点透视效果

图 1-6-7 两点透视原理

特点：两点透视画面效果比较自由、活泼，反映空间比较接近人的直接感觉。

成角透视也是常用的作图方法，与平行透视相比，它不仅能表现物体的立体效果，而且更富于变化。它也有两个明显的特征：

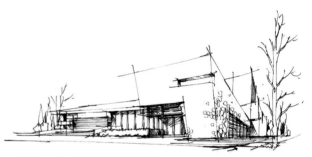

图 1-6-9 两点透视空间表达

图 1-6-10 两点透视空间速写

（3）倾斜透视（三点透视）原理与运用

倾斜透视又称为三点透视，一般分为两种情况：

①物体本身就是倾斜的，如瓦房（尖顶房房顶）、陡坡、楼梯等，原本物体的面对于地面和画面都不平行而倾斜，或者近高远低，或者近低远高。

②物体本身垂直，因为它过于高大，平视看不到全貌，需要仰视或俯视来观看。由于仰视或俯视，所看到的画面与原来垂直的建筑物有了倾斜角度，即称为倾斜透视。也由于仰视或俯视，画面增加了另外的消失点，即天点或地点，所以倾斜透视也叫三点透视。（图 1-6-11）

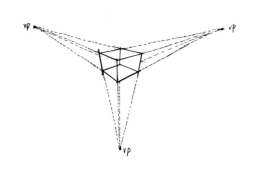

图 1-6-11　三点透视原理

图 1-6-12　倾斜透视（三点透视）的表达

倾斜透视的特点：

①瓦房顶（尖顶房房顶）、陡坡，楼梯等不规则斜面所形成的倾斜透视，随着倾斜角度的变换，上面的一个消失点会随之左右移动。

②由于景物、建筑物过于高大，平视看不到全貌，需要仰视或俯视。（图 1-6-12）

（4）圆形透视

圆形透视也属于建筑中常用的透视现象，比如圆柱或者圆形的建筑主结构。由于现代建筑技术日益进步，许多在古典建筑中不能实现的设计和高度在现代建筑中都可以实现，所以许多现代建筑除了追求单纯的高度之外，还会在建筑的外形上追求完美的设计感，因此也产生了许多圆形建筑或者异形建筑。

圆形透视的特点：

①在平视的情况下，当圆形建筑的一个圆形的面与视平线重合时，只能看到圆形建筑面圆的厚度。

②当角度发生变化时，则距视平线越近的圆形，其面越窄；距视平线越远的圆形，其面越宽。

七、建筑速写的构图方式

1. 观察与取景

无论是户外写生或临摹照片，每一个绘制者在创作的过程中都需要先"观"其"景"。在取景的过程中要根据自己的实际水平做出选择，需要做的是确定具体要描绘的建筑和配景以及速写者所在的角度，站着或者坐着皆可。

在角度确定之后，首先要确定视平线和地平线在画面中的位置，选择平视、仰视或者俯视，这样能使画面中的透视更加准确。取景中的建筑形象不同，在画面中所产生的效果和气氛也会有所不同，安排视线的位置和主要形象的轮廓，在这个过程中，可以主观地将某些次要的形象省去，或者在画面合理的范围之内改变他们的位置，突出主要的形象。

2. 构图技巧

构图是形式美的核心问题。构图要求作者主动去经营布局，因而反映了作者的情感及创造力等主观的思维想象也是向观赏者传递作品意境和个人情感的重要方面。

　　构图是指画面的结构、层次关系、画面元素的组成规律等。当我们选好景后准备画时，要意在笔先，先不要把具体形象放入画面，应该抛开其表象特征，把主体及环境看做点、线、面、疏密、明暗、体块组合关系等的结合体，研究如何组合得更美、取舍得更合理、画面更均衡，使其符合视觉规律，提高构图的审美性。（图 1-7-1 至图 1-7-4）

图 1-7-1　建筑实景图一

图 1-7-2　建筑速写表达一

图 1-7-3　建筑实景图二

图 1-7-4　建筑速写表达二

3. 构图的形式美法则

在进行建筑风景的速写时，就要在画面上选择好对象相应的位置。而在选择位置的时候，要根据对象的主次关系进行合理的分配，因此就形成了所谓的构图。

建筑速写的绘制需要学生具有较强的造型能力，除此之外，良好的构图能力也是衡量一幅图好坏的关键之处。有的学生虽然有很强的造型能力，塑造对象栩栩如生，但是由于没有很好地考虑构图的问题，往往会导致建筑速写的画面不完整，或者缺乏主次关系等。有的则是在进行对象速写的时候，把看到的景色毫无取舍地放进了画面中，致使画面布局太满而失去了艺术性。这些，都是由于构图存在问题而导致速写的效果不尽如人意。因此，构图训练可以使建筑速写的效果更为突出。构图是建筑速写的重点，只有将速写的不同元素之间的构图关系在画面中划分清楚，这样才能使画面之间的关系和谐。

形式美法则是美的载体，它是绘画和设计学科的美学准则。在进行建筑速写时，形式美法则同样可以促进其在美学方面的表现。在建筑速写的构图上要遵循形式美法则，总之要注意前景、中景和远景相互间的关系。在进行不同的景观构图时，一定要按照形式美法则的原则进行。因此，形式美法则是进行建筑速写构图的首要遵循的法则和保证。

（1）和谐与对比

根据物体之间的形状、色彩以及感官认识的区别，在画面上就会产生不同的变化。但是变化的幅度不能过大，只能在一定的程度上进行变化，这就要求在变化中求统一，使画面间的关系达到和谐统一。(图 1-7-5)

图 1-7-5　建筑街景表达

（2）比例与对称

在进行建筑速写的构图时，由于一点透视讲求对称的关系，因此，在进行建筑物的绘制时，要注意各部分的比例关系，通常以对称的比例关系为主。同样，

在两点透视和三点透视的构图关系中，由于建筑物的主体往往处在非对称的位置，因此，可以根据主景和次景来安排画面不同位置的比例。（图1-7-6）

图1-7-6　景观小品表达

（3）重点突出

在画面的构图中，因为建筑物充当着主体对象的地位，因此，在主要突出的位置上会进行建筑物的刻

画，在其他的位置上则会相应地减弱其他地方的表达，以此和主体进行呼应。（图1-7-7）

图1-7-7　主体建筑物表达

八、建筑风景速写的配景表达

1. 树木

植物和环境的关系最为紧密，是建筑主景的主要配景形式。植物相对于山石来说，属于软质设计元素。植物增强了人工环境自然化的视觉观感，除了能起到活跃气氛的作用之外，还可以点缀建筑主体以及平衡画面构图的作用。虽然是以配景的角色出现，但是，其表现方式一定要得到重视。植物的表现种类较多，其种类可以分为乔木、灌木、藤本和地被植物。其中，乔木类可以分为针叶和阔叶等不同的自然形态。乔木根据大小和高度可以分为大乔木和小乔木。

自然界中的树木千姿百态，有的顽长秀丽，有的伟岸挺拔，各具特色。各种树木的枝、干、冠构成以及分枝习性决定了各自的形态和特征。因此学画树时，首先应学会观察各种树木的形态、特征及各部分的关系，了解树木的外轮廓形状，整株树木的高宽比和干冠比，树冠的形状、树冠的形状、疏密和质感，掌握动态落叶树的枝干结构，这对树木的绘制是很有帮助的。初学者画树可从临摹各种形态的树木图例开始，在临摹过程中要做到手到、眼到、心到，学习和揣摩别人在树形概括、质感表现和光线处理等方面的方法和技巧，并将已学到的手法应用到临摹树木图片、照片或写生中去，通过反复实践学会自己进行合理的取舍、概括和处理。（图1-8-1、图1-8-2）

图1-8-1 树的概括表达

图1-8-2 不同线段的概括表达

植物作为风景速写中重要的配景元素，在画面中占的比例是非常大的，植物的表现是透视图中不可缺少的一部分。风景中的植物主要分为乔木、灌木、草本、棕榈类等。每一种植物的生长习性不同，造型各异，关键在于能够找到自己合适的方式去表达。

（1）乔木的表达

在植物中，乔木是建筑速写中建筑主体最好的画面衬托。乔木是所有植物中高度最高的种类。乔木的特征取决于树干的结构、形态和树冠的外部轮廓，认识乔木的自然形态的变化及不同种类树的特征、乔木

较干的质地及生长规律，是表现乔木的前提。发掘所描绘对象的最本质的基本形态的造型要素，要恰到好处地进行乔木的表现。在进行刻画时，对于乔木的形态造型一定要注意各线条不要平行，可以垂直，但是尽量以斜行和交叉的形式才能表现出自然的形态。乔木的常用树种有：香樟、槐树、广玉兰和棕榈树等。（图1-8-3 至图1-8-6）

图1-8-3 不同曲线的叶片表达

图1-8-4 不同植物表达一

图 1-8-5　不同植物表达二

图 1-8-6　不同植物表达三

乔木一般分为干、枝、叶、梢、根，从树的形态特征看有缠枝、分枝、细裂、节疤等，树叶有互生、对生的区别。了解这些基本的特征规律后利于我们快速地进行表现。画树先画树干，树干是构成整体树木的框架，注重枝干的分支习性，合理安排主干与次干的疏密布局安排。画枝干以冬季落叶乔木为佳，因为其布局安排，力求重心稳定、开合曲直得当，添加小枝后使树木的形态栩栩如生。树干较粗时，可选用适当的线条表现其质感和明暗。质感的表现一般应根据树皮的裂纹而定。树皮粗糙的线条要粗犷，光滑的要纤细。树干表面的节结、裂纹也可用来表现树干的质感。另外还考虑树干的受光情况，把握明暗分布规律，将树干背光部分、大枝在主干上产生的落影以及树冠产生的光斑都表现出来。（图1-8-7、图1-8-8）

图1-8-7　植物单体

图1-8-8　植物组合

（2）灌木及草的表达

灌木的分类可以分为观花灌木、观果灌木和观叶灌木。单株灌木的画法与乔木相似，应体现其分枝多且分枝点低的特点，草坪用小短线表示。小短线应疏密有致，而且凡在草坪边缘、树冠线边缘和建筑物边缘的小圆点应密些，空旷处应稀些，以衬托出树冠和建筑物的轮廓，增强空间的层次感。草坪也可用线段的排列方法表示。

地被植物多分为地被花卉和地被草坪植物，在进行不同种类的小型植物的表现时，一定要根据不同植物的特性进行针对性的表现，以植物的特征加以区分。

　　在灌木、藤本和地被植物中，灌木的特征较为突出。灌木常被用来进行造型设计，可以设计成矩形、球形和梯形等形状。藤本则可以借助景观廊道进行篱植设计。（图 1-8-9 至图 1-8-11）

图 1-8-9　概念表达

图 1-8-10　植物组合

图 1-8-11　植物配景速写

2. 山石

表现山石时用线要硬朗肯定些。石头的亮面线条硬朗，运笔要快，线条的感觉坚韧。石头的暗面线条顿挫感较强，运笔较慢，线条较粗较重，有很强的体块之感。（图 1-8-12 至图 1-8-15）

图 1-8-12　植物、水体、石头组合

图 1-8-13　山石

图 1-8-14　景石、水体组合

图 1-8-15　叠水

3. 建筑

(1) 建筑体块表达

通过观察分析和归纳，建筑是一个个方盒子或者基本的几何体，能分解成体块是因为建筑本身就是由方盒子构成的，往外补个盒子，往里面切一个盒子，不同角度的，都是建筑空间感培养的不二法门。根据不同设计的需要，根据个人的理解，很多建筑是从外部形体入手开始设计的。这是一种比较纯粹的手绘草图，是对建筑进行构思、推敲的初步体现。因为表现形式多是结构化和构成化。一般要表达的已建成建筑体量比较复杂，又有很多细部，就容易被其细部所干扰，影响到对形态准确性的把握，正确的方法是先忽略与总体形态无关的一些细部，先抓住形体的大关系，清楚了这个大关系后再往里面加细部，这样就不容易走形了。

透视关系的准确性在建筑徒手表达中至高无上的，因为空间和环境氛围只有在准确的透视中才能表达出准确的信息，即便是有些看似随意的草图，准确的透视也能表达出明确的空间关系，这对建筑设计而言实在是太重要了。（图1-8-16）

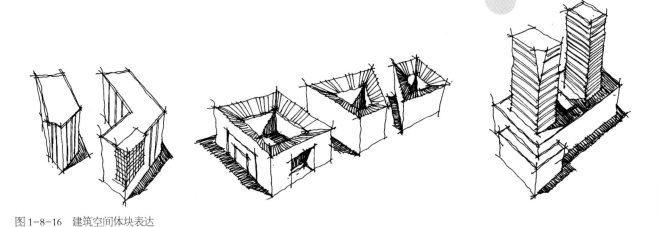

图1-8-16　建筑空间体块表达

(2) 建筑空间几何体表达

建筑空间几何体是培养学生空间思维能力的主要途径。

在找准消失点之后，就开始练习连接消失点，可以从各个角度来表达，俯视、仰视、平视……在各个空间内增加或删减体块，这样既可以练习建筑几何体的透视感，又有一点的趣味性。

建筑几何体的表达最重要的几点就是：

①透视必须准确，透视如果表达错误，后期画得再好也是无效的。

②线条肯定，不要拖沓、反复修改。这是一个长期练习的过程。

③建筑空间多选用两点透视来表现体块感。

在空间几何体的表达中，形态的准确性体现在两个方面：一是透视关系的准确性，因为透视关系的准确性直接反映了空间的准确性；二是形态关系的准确性，在形态转折、交接、穿插等部位，用线要肯定而明确，不能被材质及光影所迷惑而失形，要经过思考以表达形态本身的逻辑。

几何体组合法：是建筑造型手法中最简单的一种，其形象简洁美观，密斯·凡·德·罗说过"少就是多"；简单的建筑造型手法也能组合成美观大方的建筑形象。

几何体切削法：对几何造型进行一些别具特色的切削，形成一种新的视觉效果，就是说的几何体切削法。切削法形成的建筑造型一般能起到画龙点睛的作用，并用建筑的主要部分去吸引参观者的眼神。

形态比例控制：在分析了总体形态的特征后，要花一定的时间确定建筑外轮廓的比例。

有许多人一上手就凭感觉开始画，就可能忽视大的比例关系。画大的建筑图，要掌握"灭点在心中"的线条走向，因为画图时，往往灭点在图纸外的远处，只能去掌握线条角度的变化。要根据空间远近进行概括和虚化处理，这样对于强调空间反而比较有利。学会取舍也是表达空间感的一个重要方面。

建筑单体渐变法：时常会看到一个建筑由一个或几个相似的建筑单体组成，实际每个建筑形态已经有一些小的变化了，这就是建筑造型手法中渐变法中的建筑单体形态渐变法。（图1-8-17、图1-8-18）

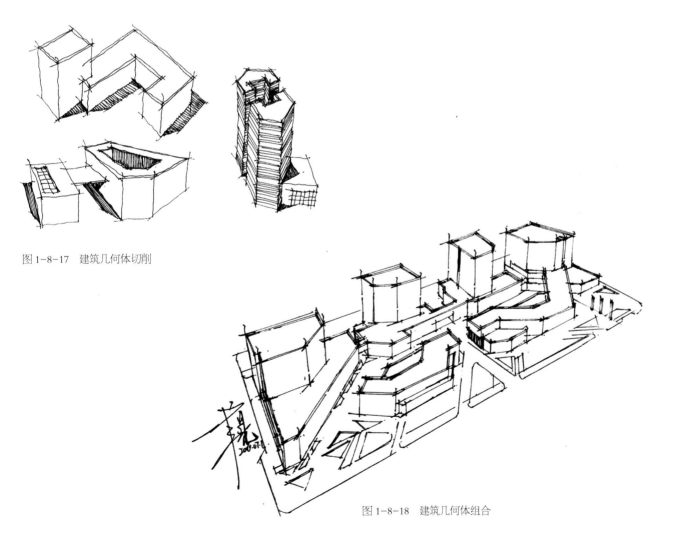

图1-8-17　建筑几何体切削

图1-8-18　建筑几何体组合

（3）建筑光影的表达

光影作为构成建筑空间环境的要素，是最利于塑造空间情境的设计元素之一。不同的物体表面会使光影有不同的表达。通过不同物体的色彩、肌理、图案、反光等特征对所发出的"光"加以改造，空间中的光影无法塑造自己。只有通过实体的限制、遮挡才能使之成形。

光影的作用可以在以下几个方面体现：

①形态的描述：建筑体量的三维呈现。

②建筑特征的概括：没有重点就没有艺术表现的概念，光影的添加增强了画面中心的视觉冲击力。

③质感与层次的表现：利用光线布置的强弱变化、明暗差异。

④性格与气氛的渲染：光对空间品质的表现、艺术感染力和人的心理体验都具有决定性的作用。（图1-8-19）

图 1-8-19　建筑光影表达

4. 建筑与配景的层次与虚实处理

建筑和配景的关系安排得是否恰当直接决定一张建筑速写作品是否完整。配景一般安排在中景和远景，也可安排在近景。

突出了主要建筑和配景的层次，以建筑为主体，植物和树木为配景，强调建筑主体，用简单的线条来绘制配景，既相互呼应又层次明显。将配景安排在近景有时可以达到意想不到的效果，如可以使构图更加新颖，或者可以弥补画面的不足之处，使画面更加稳定。这种方法也可以用来增强画面的空间感和透视感。（图 1-8-20 至图 1-8-23）

图 1-8-20 配景速写一

图 1-8-21 配景速写二

图 1-8-22　配景速写三

图 1-8-23　植物配景速写四

5. 建筑与配景的秩序和整体效果

一些景物在配景的布置上只是起到衬托建筑的作用，使较为冰冷和机械化的建筑显得充满生机、丰富多彩，所以切忌喧宾夺主。

在速写的过程中，要安排好配景的分量，有时加

大配景比重但是不加以细致刻画也可以呈现很好的效果，如在整体效果中加入留白是一种可取的手法，这样既可以加入足够的配景，又可以突出主体，达到预想的效果。（图1-8-24、图1-8-25）

图1-8-24　小品速写

图 1-8-25　建筑速写

第二章　钢笔淡彩风景写生的基本技法（上色篇）

一、钢笔淡彩风景写生工具及材料

1. 纸

品种：水彩纸以制造工艺一般分为两种，一种是机器纸，另一种是手工纸。初学水彩者一般常用的是机械纸，价格适中，国产水彩纸主要有河北保定产、上海产等机械纸，国内许多画家也都使用该纸，性能还算好。国外知名的水彩纸制造商来自日本、英国、法国与意大利，水彩纸品牌有：英国的瓦特曼、华特曼·山得士、获多福，法国的康颂、巴比松、阿诗、梦法儿、枫丹叶等。

水彩纸质地的好坏，直接影响画面的效果，画家对水彩纸的选择应重视。首先要了解和掌握它的纸性，吸水的强弱，以便作画时充分发挥水彩纸的特性，营造出画面中的水彩趣味。一般好的水彩纸都经过抗菌处理，不发霉，适宜长久保存。除单张的水彩纸外，我们在外出写生中也常用到水彩本，水彩本采用冷压，最能发挥水彩的特性，也是绝大多数水彩画家所采用的纸张。冷压纸具有中等平滑的纸面，稍有颗粒的纹理，易于薄涂，能表现出笔触和纹理，易于色层叠加和颜色的堆砌，可为艺术家提供稳定的、持久的绘画表面。现在常用的水彩本都采用四面封胶，使在绘画中省去了装裱的问题，也使在作画过程中纸张不易起皱。

除了特制的水彩画纸以外，画家有时需要一些特定的效果也可用其他画纸来做水彩画，如素描纸、绘图纸、中国画纸、卡纸、油画布等。用这些纸作水彩画，可以扩大水彩画的艺术风格和丰富水彩画的表现技法。不过作为初学者，最好是采用专用水彩画纸作画，这对于掌握水彩画的基本技法，充分发挥水彩画本身特有的艺术语言是十分有利的。

表面纹理：水彩纸以纤维来分有棉质和麻质两种基本纤维，表面有粗纹、中纹、细纹的分别。粗纹理的纸，在涂色运笔时，常出现飞白的效果（白色斑点），这样可以增加画面色彩的亮度和透明度，还可以多遍地深入刻画。细纹理的纸，在晕色时，均匀细致，适合湿画法一遍完成，不宜多遍修改。

厚度：水彩纸的薄厚是根据纸的克数而定的，克数越高纸的纸质和重量也相对较高，一般机制水彩纸密度相对比手工纸高，可以进行反复修改，初学者可选用密度较高、克数略高的纸，这类纸可经得起反复的修改。克数一般有 600 克、300 克、240 克、100 克、180 克、120 克等。有一定厚度的纸，能显示较好的色彩效果。180 克以上的纸一般不容易膨胀、变形，为避免纸在浸入水后起皱变形，可以在作画前将画纸裱在画板上。初学者多数一般用 180 克的保定纸和 240 克法国巴比松水彩纸，价位适中。

好的水彩纸纸质结实、耐画。发色性能好。当然，一般的水彩纸也有其作用，重要的看是否适用于自己。对于初学者而言，更要多尝试、多比较，逐渐找到适合自己个人艺术追求和作画习惯的专用纸。（图 2-1-1、图 2-1-2）

Montval 梦法儿(特制)

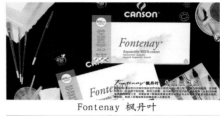

Fontenay 枫丹叶

Arches 阿诗

Barbizon 巴比松

Canson 康颂纸

图 2-1-1　进口品牌水彩纸

世界顶级艺术纸和技术用纸制造商

水彩
阿诗Arches
适用于
水彩
水粉
丙烯
油画棒
钢笔
国画
丝网版画
效果图
图文输出

枫丹叶 Fontenay
适用于
水彩
水粉
油画棒
钢笔
丙烯
国画
铜版

梦法儿特制
Montval Tradition
适用于
水彩
水粉
油画棒
钢笔
丙烯
效果图

梦法儿 Montval
适用于
水彩
水粉
油画棒
钢笔
丙烯
效果图
版画

巴比松 Barbizon
适用于
水彩
水粉
油画棒
钢笔
工笔
丙烯
效果图
版画

康颂 Canson
适用于
水彩
水粉
铅笔
炭笔
色粉
钢笔
工笔
丙烯
效果图
印刷
图文输出

素描
巴比松 Barbizon
适用于
铅笔
炭笔
色粉
水粉
油画棒
钢笔
树胶丙烯

康颂 Canson
适用于
铅笔
炭笔
色粉
水粉
钢笔
工笔

色粉纸
蜜丹 Mi-Teintes
适用于
色粉

簿装
阿诗水彩簿
适用于
水彩
水粉
丙烯
油画棒
钢笔
国画
丝网版画

枫丹叶水彩簿
适用于
水彩
油画棒
钢笔
丙烯
铜版

梦法儿水彩簿
适用于
水彩
水粉
油画棒
钢笔
丙烯
装饰

康颂水彩簿
适用于
水彩
水粉
铅笔
炭笔
色粉
钢笔

康颂素描簿
适用于
铅笔
炭笔
色粉
水彩
钢笔
印刷
装饰
裁切拼贴
装璜模型

1557素描簿
适用于
铅笔
炭笔
色粉
水粉
钢笔

菲格拉斯油画簿
适用于
油画
油画棒
丙烯
水彩
钢笔
装饰
裁切拼贴
装璜模型

康颂丙烯簿
适用于
丙烯
油画
水粉
炭笔等

彩纸
蜜丹 Mi-Teintes
适用于
色粉
水彩
水粉
铅笔
炭笔
油画棒
钢笔
印刷

维瓦尔第 Vivaldi
适用于
水彩
水粉
铅笔
色粉
钢笔
工笔
印刷
装饰
裁切拼贴
装璜模型

版画
阿诗88 Arches88
尤适用于
丝网版画
铜版等

BFK丽芙Velin BFK Rives
尤适用于
石版/珂罗版
铜版（蚀刻、凹雕、刻线法等）
木刻/麻胶版
丝网

威廉阿诗 Velin d'Arches
尤适用于
石版/珂罗版
铜版（蚀刻、凹雕、刻线法等）
木刻/麻胶版

萧纳 Johannot
尤适用于
铜版（蚀刻、美柔汀等）
丝网

莫朗 Moulin Du Gue
尤适用于
铜版（蚀刻、凹雕等）
丝网

康颂经典 Canson Edition
适用于
铜板
石版
丝网
木刻
丙烯等

巴比松 Barbizon
适用于
铜版
丝网
木刻等

备注：以上为标准用法推荐，艺术无定法，可在不同纸张尝试其他艺术创作形式所有资料经过小心核对，以求准确。产品品种与规格如有变更，敬请垂询！

图 2-1-2　纸目录

2. 画笔

画笔根据笔毛材质分类有羊毫、狼毫、兼毫、貂毛、尼龙等。狼毫笔，质感较硬、吸水性较弱，可用来塑造细部；羊毫笔，质感柔软，吸收性强，用笔较丰富。按不同的用途和形状，又可分为扁笔、尖笔、圆笔、扇形笔，以及由扁笔引申出来的各种排笔、底纹笔、刷子等。

传统水彩笔一般为圆形笔，但为了有不一样的笔触效果也常用水粉的扁平头笔、椭圆形笔、板刷，国画的白云笔、勾线笔花枝俏、狼毫长锋笔等。油画笔是由棕或尼龙所制成。这些笔头很硬，吸水性差，不适合画水彩（但有时可以用来追求某种特殊的效果）。（图 2-1-3 ）

图 2-1-3　水彩画笔

3. 水彩颜料

水彩颜色不同于水粉颜色、油画颜色和中国画颜色。水彩画颜料采用矿物质、植物质和化学合成三种基本原料，加入甘油、桃胶调制而成。它分为软管装、固体块状和水剂透明水彩颜料（瓶装的携带不方便，使用较少），现在最普及的是软管装颜料，外出写生携带方便，颜色的鲜亮、纯度和透明度都很好。水彩颜料较为细腻、透明感较强，它是以清水作为调和剂，能调配出丰富的色彩。

目前国内美术品市场上的颜色品种多样，有国产品牌、合资品牌和国外品牌。国产水彩颜料如上海的马利牌、天津的温莎·牛顿等。国外进口水彩颜料如荷兰的凡·高牌、伦勃朗牌，英国的温莎·牛顿牌，日本的樱花牌等，每种品牌的性能和价格差距甚大。（图 2-1-4、图 2-1-5）

图 2-1-4 温莎·牛顿水彩颜料（国产）

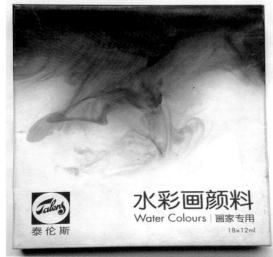

图 2-1-5 泰伦斯水彩颜料（国产）

水彩颜料有透明颜料和粉质（不透明颜料）颜料之分。不透明的颜料含矿物质较高，不易被水充分溶解，用色时可以产生色彩沉淀的效果；透明颜料含植物成分较多，容易被水充分溶解，其渗透力强，色彩细腻而活跃。同时透明与不透明不是绝对的，是相对的，而且也是可以改变的。我们若把不透明的颜色水分加多些画在纸上，则也能产生透明的感觉。反之，将透明的颜色用得很浓，也会产生不透明的感觉，所以透明与不透明并不是一成不变的。

最透明色：普蓝、钛青蓝、群青、玫瑰红、青莲色。

透明色：翠绿、草绿、淡绿、大红。

较透明色：湖蓝、钴蓝、橘黄、朱红、橘红、柠檬黄、熟褐等。

不透明色：赭石、土黄、土红、黑、白等（水彩颜色中的白色很少被使用，因为白色在与其他颜色调和后，色彩不透明而影响画面效果）。（图2-1-6）

图2-1-6 进口便管装颜料

沉淀色：沉淀是水彩画颜料特有的效果，它是利用水和矿物质混合时出现的分离，干后沉淀出现的肌理效果。矿物性含量高的不易充分溶解的颜料可产生色彩沉淀效果，如群青、赭石、土黄、钴蓝、藤黄等色单独或与其他颜色调和时易出现沉淀。

侵蚀颜色：在水彩颜料中，有些颜色侵蚀性强，在调色板上用后会侵蚀，在白色调色板中影响调色。如玫瑰红、深红、翠绿、青莲等色。

4. 针管笔、钢笔

作为徒手勾线的主要工具，要求流畅，快速时不断线即可。

5. 马克笔

品种很多，颜色丰富，如灰色系列（包括暖灰和冷灰），红、黄、蓝色系列，还有木头的颜色。选购时一般在30支左右。油性的马克笔色彩比较稳定，运笔快时能出现虚实变化。

另外马克笔受笔头的限制，由于马克笔平涂大的

面积较难，所以一般在画大面积色彩时，可利用马克笔笔触渐变和排列来表现。（图 2-1-7、图 2-1-8）

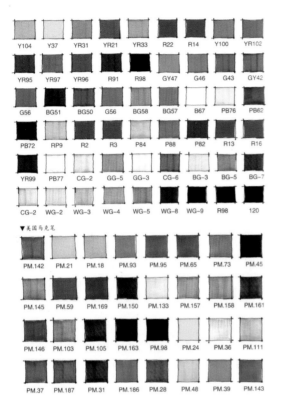

图 2-1-7　马克笔色号

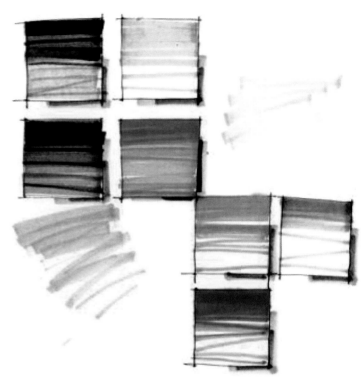

图 2-1-8　马克笔的笔触排列

6. 彩色铅笔

最好选购水溶性的。彩色铅笔能弥补马克笔的不足，在后期统一画面的整体效果、表现色彩的过渡变化。彩色铅笔和马克笔相比，较容易掌握，画错了或效果不理想可以用橡皮擦掉，是我们徒手表现理想的工具之一。（图 2-1-9）

图 2-1-9　彩铅的笔触排列

7. 相关材料

调色盒：水彩需要的调色盒不同于水粉调色盒，放颜料的格子比较浅，装的颜料不需太多，足够我们一次使用就行了。调色区域比较大，而且分区，以防水分多时颜色相互渗入。调色盒内颜色的排列要有规律。要注意把同色系的颜色排列在一起，由浅到深，有利于作画时能方便快速地找到自己想要的颜色。(图 2-1-10)

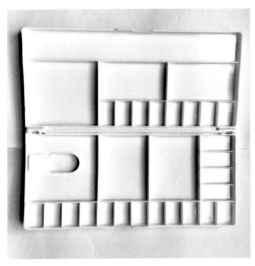

图 2-1-10 水彩调色盒

图 2-1-11 水桶

铅笔：主要用于起稿和勾勒轮廓。HB、2B 的铅笔软硬适中，比较容易控制线条的深浅，如果所用铅笔太软则容易搞脏画面，特别是天空和画面需要留白的地方。如果所用铅笔太硬则容易划伤水彩纸面，使纸面形成沟纹，在作画时水和颜色流入沟中，形成深色沟条。

画板：画板大小各有不同，外出写生时最适合带四开或以下大小的画板，3~4 小时内完成。最好在作画之前把画纸裱在画板上。

水桶：现在市场上出售的也分两种，一种是不可折叠的，例如：塑料筒和金属罐。还有一种是可折叠的塑料或防雨布的折叠桶，选择能折叠的适中的洗笔桶，节省空间，便于携带。(图 2-1-11)

8. 辅助工具

在做水彩画时还需要一些辅助工具来帮助我们更好地进行创作，如橡皮、海绵、裁纸刀、胶带、遮挡液（用于有一定密度、精度的空白）、油画刮刀、喷壶（用于喷湿纸面、润化颜色）、吸水布等。（图2-1-12）

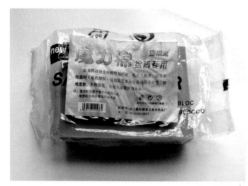

吸水海绵

透明胶

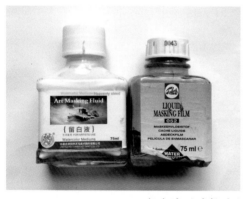

留白液（遮挡液）

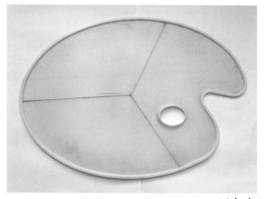

调色盘

美工刀

油画刮刀

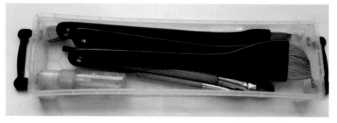

笔盒

图2-1-12　辅助工具

二、钢笔淡彩风景写生步骤

1. 水彩表现

一般着色的步骤，水彩画是从亮部画到暗部，这种方法是比较容易学习而且比较稳妥的。因为水彩的颜料是透明的，只能深色在浅色上遮盖，反之则不易。

在很多水彩画的书中，都反复地提到湿画法、干画法的概念，其实湿画法、干画法只是一种概念的名称，真正的作画过程也非某一画法能胜任，往往二者有机结合，综合多种方法来完成的。

干画法边缘清晰、明确，适合表现物体的结构、层次关系，视觉感受表现为实。湿画法色彩互相渗化变得模糊，适合表现画面的朦胧意境，视觉感受为虚。干湿画法的结合，是利用虚实的表现，增加画面的感染力，通过虚实的变化，丰富了画面的内容。在干湿画法结合时，一般是先湿后干，远湿近干，虚湿实干。

水彩表现步骤分解，如图 2-2-1 至图 2-2-14 所示。

图 2-2-1 速写钢笔底稿

图 2-2-2　水彩技法上色步骤一

图 2-2-3　水彩技法上色步骤二

图 2-2-4 水彩技法上色步骤三

图 2-2-5 水彩技法上色完成稿

刘鹏

图 2-2-6　速写钢笔底稿

图2-2-7　水彩技法上色步骤一

图 2-2-8　水彩技法上色步骤二

图 2-2-9 水彩技法上色步骤三

图 2-2-10　水彩技法完成稿

图2-2-11　速写钢笔底稿

图 2-2-12　水彩技法上色步骤一

图 2-2-13　水彩技法上色步骤二

图 2-2-14　水彩技法完成稿

2. 马克笔与彩色铅笔表现

(1) 马克笔绘制技巧与规律

马克笔颜色不易修改，所以要确定用色之后再下笔。首先用铅笔起稿，再用钢笔把骨线勾勒出来，勾骨线不要拘谨，允许错误线条的出现，因为马克笔可以帮你盖掉一些出现的错误，然后进入马克笔上色阶段，马克笔运用时要敢画，体现马克笔的绘画张力。颜色上，需采用实际物体颜色，局部物体可以夸张来突出主题，使画面具有冲击力、吸引力。颜色在使用中重叠部分不宜太多，必要的时候可以少量重叠，以达到更丰富的色彩。整体色调需要把握完整，太艳丽的颜色不能过多地使用。最后阶段可以采用重色表达画面暗部和采用较中性暗色统一暗部，使画面沉稳得体，颜色统一。

马克笔有很强的表现力，其优势胜出水粉和水彩。但马克笔的运用和绘画具有一定的难度，在绘画时首先要先正握马克笔的正确用笔方法和常用规律。

(2) 马克笔与彩色铅笔的综合使用技巧与规律

彩色铅笔不宜大面积单色使用，否则画面会显得呆板、平淡。在实际绘制过程中，彩色铅笔往往与其他工具配合使用，可以与水彩结合，体现色彩退晕效果等。

在室内效果图快速表现中与马克笔结合是最常见的，在马克笔和彩铅结合使用中，要注意使用技巧和掌握两者结合的规律，首先马克笔铺设画面大色调，画面亮部留白，再利用彩铅将亮部留白的地方填涂起来，需要注意虚实变化，彩铅主要是可以使得画面颜色更加丰富。

马克笔 + 彩铅表现步骤分解，如图 2-2-15 至图 2-2-23 所示。

图 2-2-15　马克笔+彩铅表现步骤一

图 2-2-16　马克笔 + 彩铅表现步骤二

图 2-2-17　马克笔 + 彩铅表现步骤三

图 2-2-18　马克笔＋彩铅表现步骤四

图 2-2-19　马克笔 + 彩铅表现步骤一

图 2-2-20　马克笔 + 彩铅表现步骤二

图2-2-21　马克笔+彩铅表现步骤三

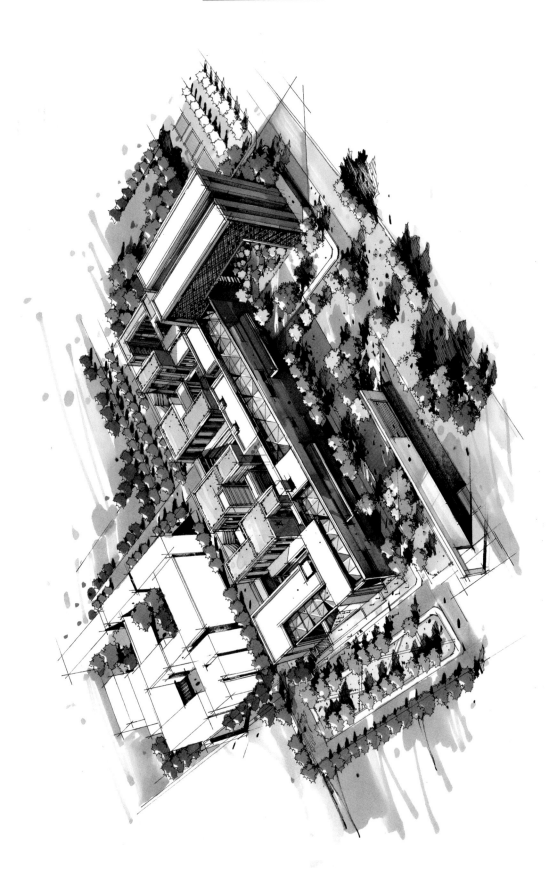

图 2-2-22　马克笔＋彩铅表现步骤四

图 2-2-23　马克笔 + 彩铅表现步骤五

第三章　作品欣赏（赏析篇）

一、色稿

图 3-1-1

图 3-1-2

图 3-1-3

图 3-1-4

图 3-1-5

图 3-1-6

图 3-1-7

图 3-1-8

图 3-1-9

图 3-1-10

图 3-1-11

图 3-1-12

图 3-1-13

图 3-1-14

图 3-1-15

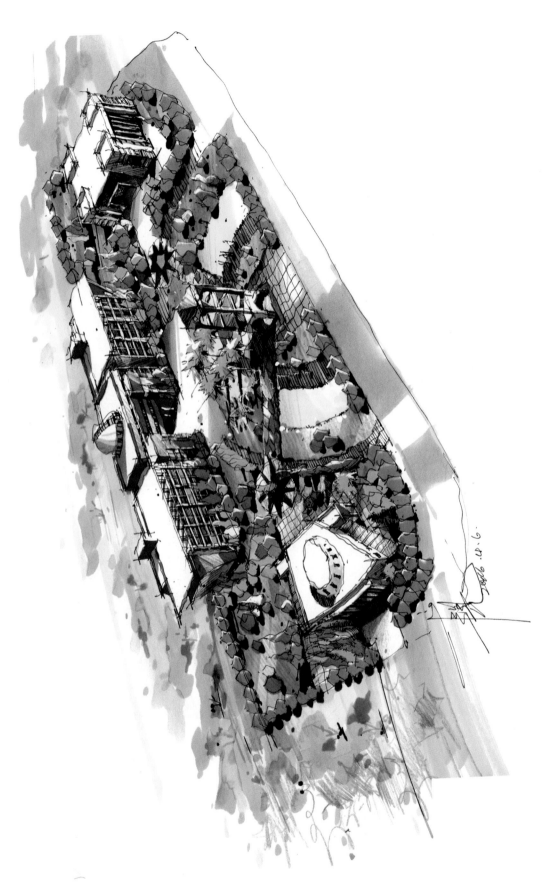

图 3-1-16

图 3-1-17

图 3-1-18

二、线稿

图 3-2-1

图 3-2-2

图 3-2-3

图3-2-4

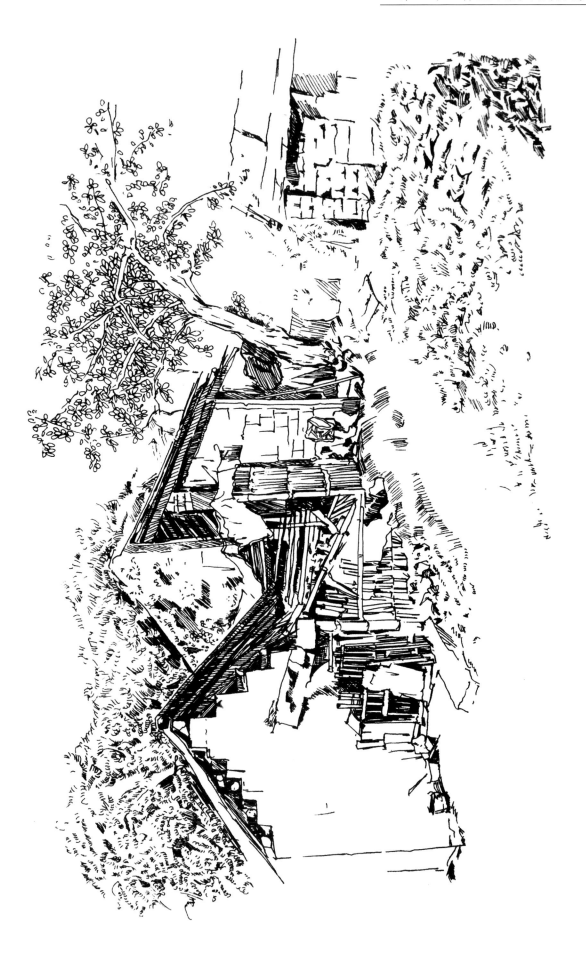

图 3-2-5

图 3-2-6

图 3-2-7

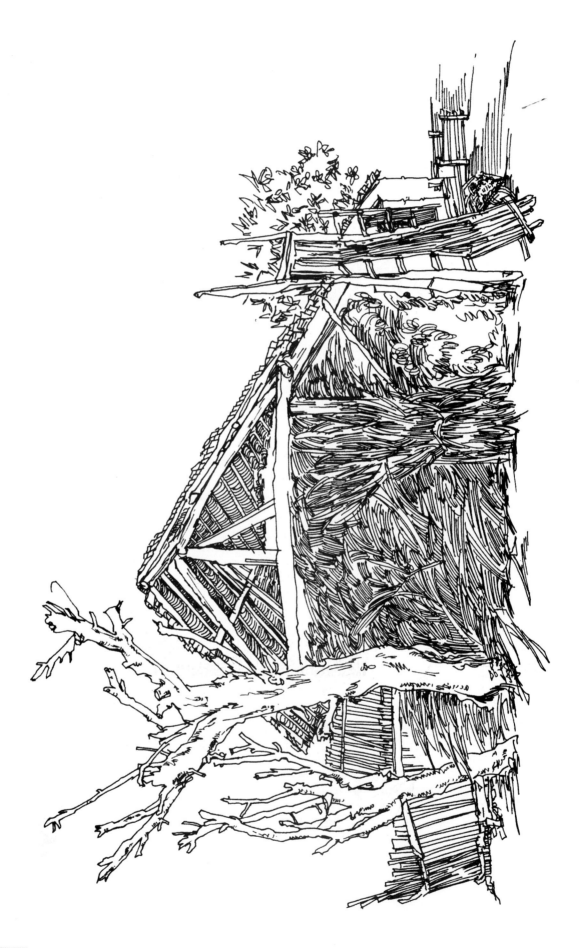

图 3-2-8

图 3-2-9

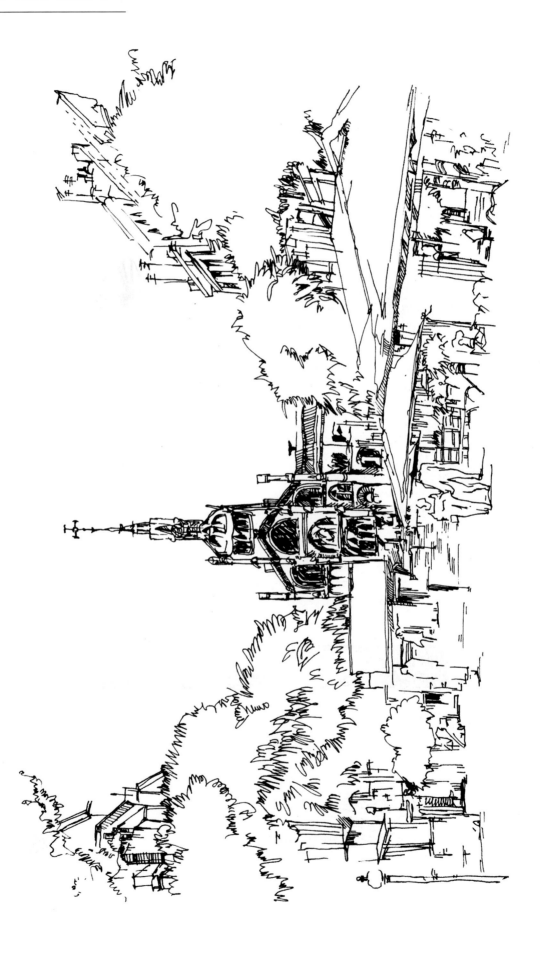

图 3-2-10

图 3-2-11

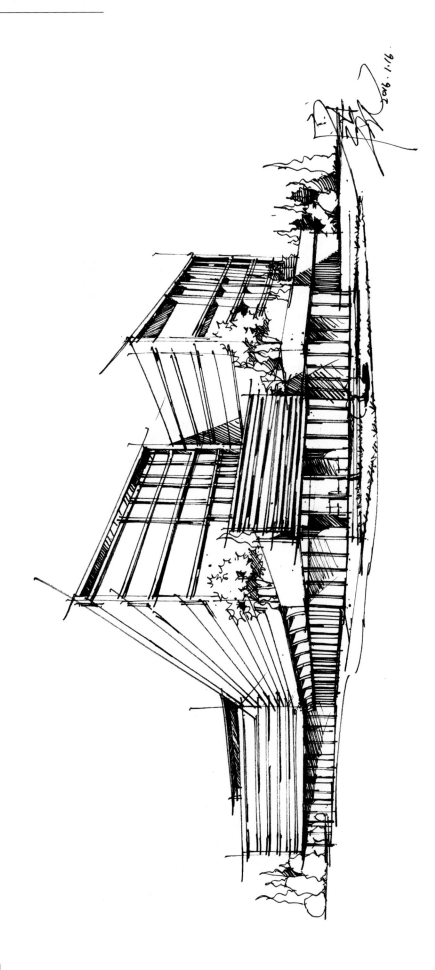

图 3-2-12

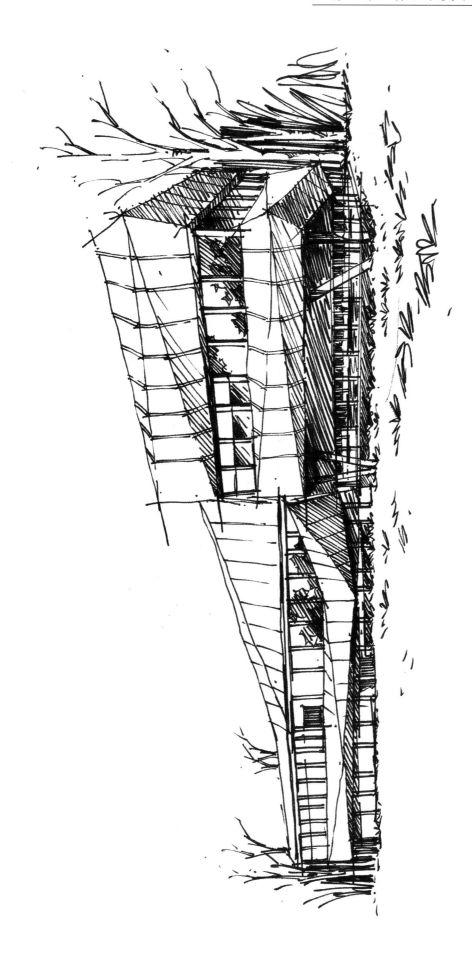

图 3-2-13

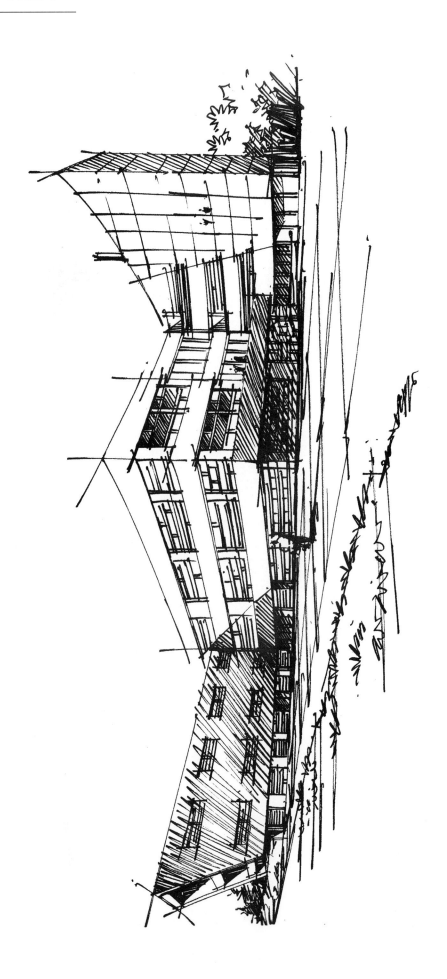

图3-2-14

图 3-2-15

图 3-2-16

图 3-2-17

图 3-2-18

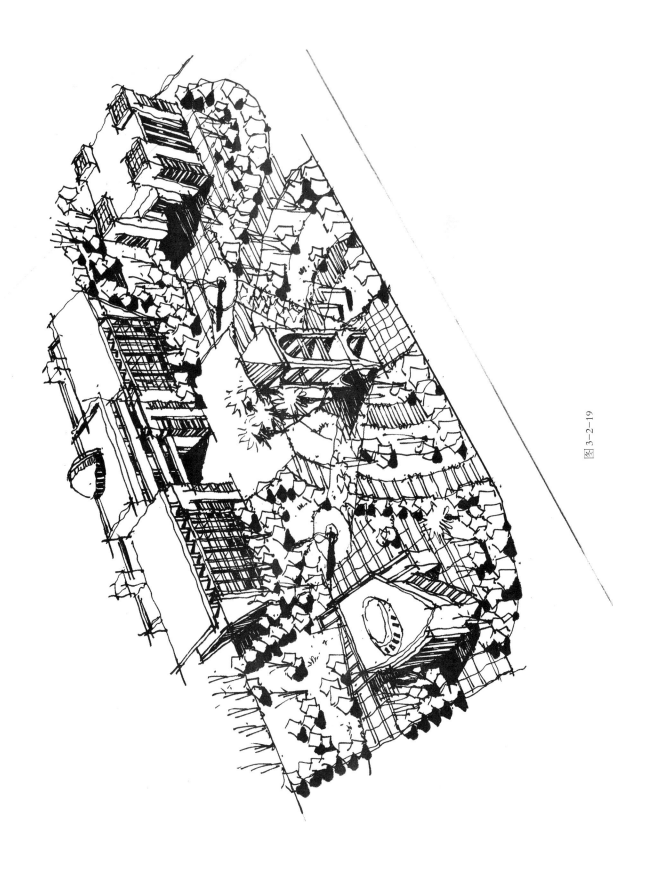

图 3-2-19

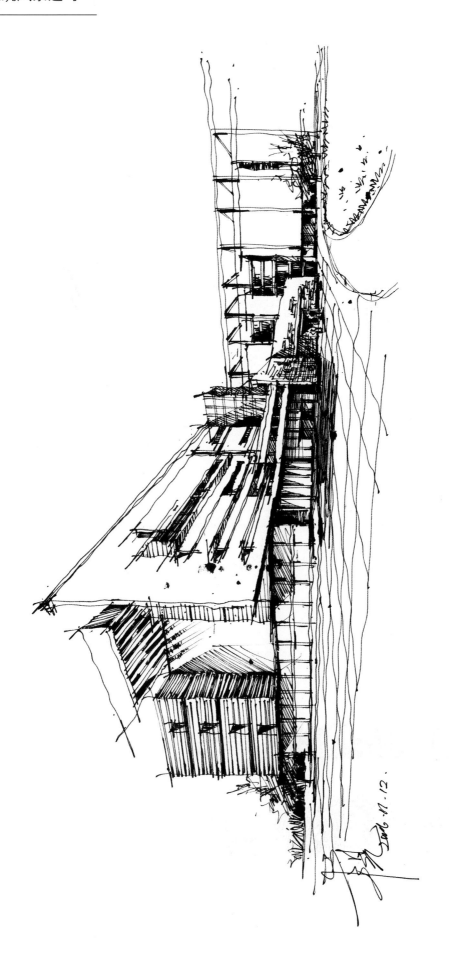

图 3-2-20

图 3-2-21

图 3-2-22

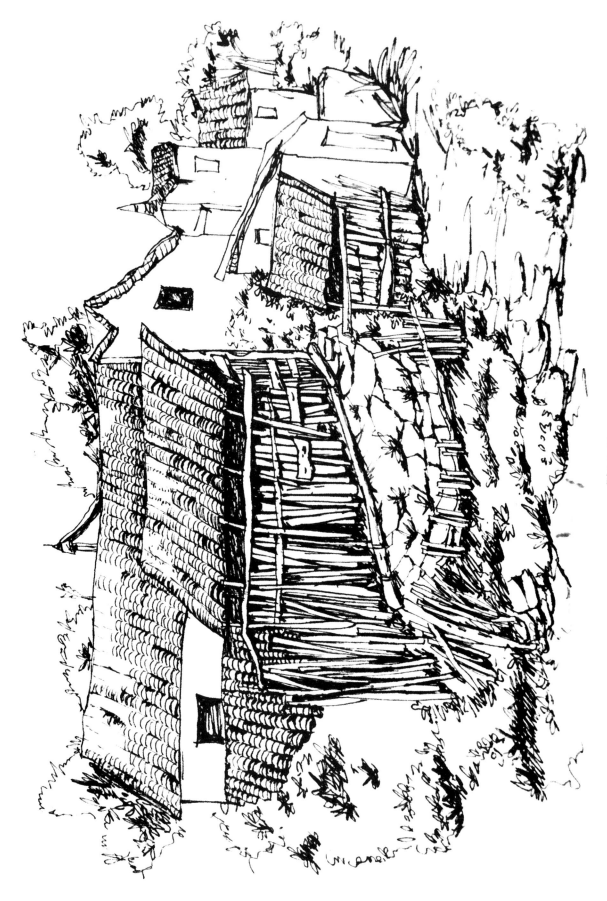

图 3-2-23

图 3-2-24

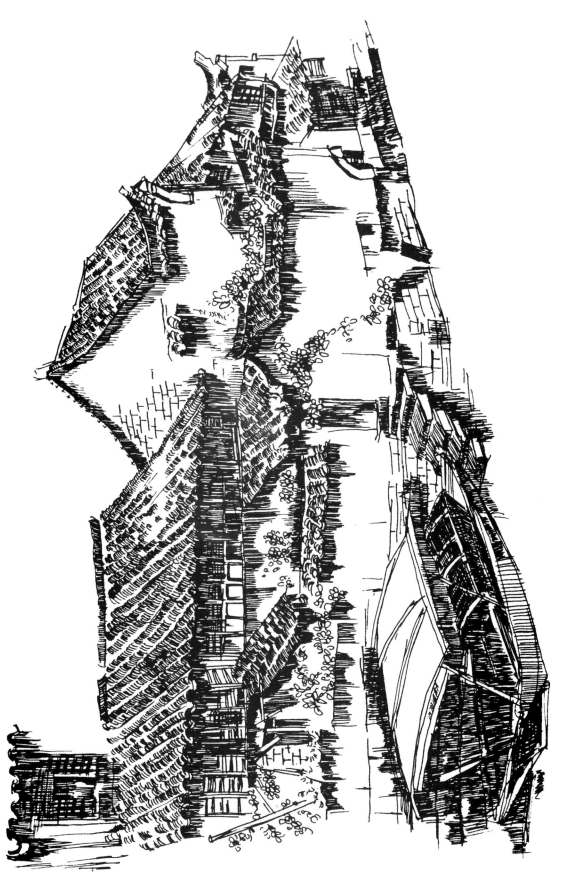

图 3-2-25

图 3-2-26

参考文献

【1】王晶.建筑速写[M].南京：南京大学出版社，2016.

【2】叶瑜，袁文学.建筑速写[M].合肥：合肥工业大学出版社，2015.

【3】何克峰.钢笔淡彩风景写生[M].合肥：合肥工业大学出版社，2014.

【4】卢国新.建筑速写写生技法[M].石家庄：河北美术出版社，2013.

【5】赵国斌.手绘效果图表现技法·景观设计[M].福州：福建美术出版社，2006.

【6】谢尘.户外钢笔写生技法详解[M].武汉：湖北美术出版社，2008.

【6】王礼，刘瑶.水彩风景写生技法[M].长沙：中南大学出版社，2015.

图书在版编目（CIP）数据

建筑风景速写/刘瑶等主编. —合肥：合肥工业大学出版社，2017.6

ISBN 978-7-5650-3402-2

Ⅰ.①建⋯　Ⅱ.①刘⋯　Ⅲ①建筑艺术—风景画—速写技法　Ⅳ.①TU204.111

中国版本图书馆CIP数据核字（2017）第147556号

建 筑 风 景 速 写

主　　编：刘　瑶　李　欢　　　责任编辑：王　磊

书　　名：普通高等教育应用技术型院校艺术设计类专业规划教材——建筑风景速写

出　　版：合肥工业大学出版社

地　　址：合肥市屯溪路193号

邮　　编：230009

网　　址：www.hfutpress.com.cn

发　　行：全国新华书店

印　　刷：安徽联众印刷有限公司

开　　本：889mm×1194mm　1/16

印　　张：7

字　　数：230千字

版　　次：2017年6月第1版

印　　次：2018年1月第1次印刷

标准书号：ISBN 978-7-5650-3402-2

定　　价：48.00元

发行部电话：0551-62903188